N°5
CHANEL
PARIS
PARFUM

„Das Parfüm ist das unsichtbare,
unvergessliche und wichtigste Modeaccessoire.
Es kündigt deine Ankunft an und
verlängert deinen Abschied."

(Coco Chanel)

INHALT

Texte von Chiara Pasqualetti Johnson

EINLEITUNG

Ein Jahrhundert ist vergangen, seit das Parfüm 1921 auf den Markt kam, und noch immer ist Chanel N° 5 der Inbegriff eines Parfüms, der Damenduft schlechthin. Jeder kennt es und sei es auch nur dem Namen nach. Als hätte Coco Chanel die Formel der ewigen Weiblichkeit entdeckt, widersteht der Duft hartnäckig den Launen von Mode und Zeit. Er steht ebenso für Mademoiselles revolutionären Geist wie für die Atmosphäre der 1920er-Jahre, einer Ära, in der eine neue Generation von Frauen auftauchte: freier, selbstbewusster, moderner. Sie begannen jetzt, über ihr Schicksal selbst zu bestimmen und rebellierten gegen ein Leben voller Zwänge, deren Symbol jene unbequemen Korsetts waren, die Chanel bereits in ihren frühesten Kollektionen verschmäht hatte. Eine schlichte Eleganz war mittlerweile zum Markenzeichen ihres Stils geworden. Doch mehr noch als die Mode war es der unwiderstehliche Duft, der den Namen Chanel zum Mythos machen sollte. Mit der Zeit entwickelte sich Chanel N° 5 unabhängig von den anderen Kreationen des Hauses zu einem Produkt mit eigener Identität und Geschichte. Sein ebenso reines wie reichhaltiges Bouquet markierte einen Wendepunkt in der Welt der Parfümerie und ist bis heute einer der begehrtesten Düfte der Welt: Angeblich wird weltweit alle 33 Sekunden ein Flakon verkauft. Allerdings sind die genauen Zahlen sowie

N°5

viele andere Informationen über das Parfüm ein sorgsam gehütetes Geheimnis des Modehauses Chanel. Um die Entstehung dieses Parfüms ranken sich viele Legenden, ein Gewirr aus Realität und Fantasie. Über Jahrzehnte wurde Chanel N°5 zu einem Mythos erhoben, der weit über das Parfüm selbst hinausgeht. Es entwickelte sich zu einem kulturellen und sozialen Symbol, das zahlreiche Künstler, Fotografen und Filmemacher inspirierte. Ein großer Teil seines Erfolgs ist auf die unendlichen Interpretationen der schlichten Apothekerflasche mit ihrer bernsteinfarbenen Flüssigkeit zurückzuführen. Dieser Flakon mit der unverwechselbaren Silhouette, beinah selbst schon ein abstraktes Kunstwerk, bestimmte das Image des Parfüms zu einem erheblichen Teil mit. Bei Chanel N°5 denkt man zunächst an den Flakon, dann erst an den ihm innewohnenden Duft. Ohne diesen gläsernen Flakon mit den beiden ineinander verschlungenen Cs unter dem Verschluss vor Augen würden wohl nur wenige den Duft mit Sicherheit erkennen. Das Parfüm war unglaublich populär, wurde während des Krieges zu einer Tauschwährung, durch die Siebdrucke von Andy Warhol zu einer Pop-Art-Ikone und schließlich zu dem, was Chanel N° 5 bis heute ist: Eine weltweite olfaktorische Besessenheit, das erotische Geflüster, das Reichtum und Sinnlichkeit verspricht. Der Genuss des Vergnügens, der Duft eines Traums.

COCO CHANEL. DER STIL EINER ÄRA

Die in ärmlichen Verhältnissen geborene Coco Chanel wurde zur Königin der Haute Couture. Mit ihren geradlinig geschnittenen Kleidern revolutionierte sie das Konzept der Weiblichkeit und lehrte die Frauen die Geheimnisse der zeitlosen Eleganz, denn „Mode ist vergänglich, Stil niemals".

Jede Legende hat einen Ursprung und die von Chanel N° 5 beginnt mit der Geburt seiner Schöpferin, einer Frau von überwältigender Persönlichkeit und einem Leben wie im Roman. „Ich bereue nichts in meinem Leben, außer dem, was ich nicht getan habe", sagt sie, die nun wirklich ungemein viel getan hat. Im Sommer 1883 wird sie in einem westfranzösischen Dorf geboren, wo es für jemanden aus einer Familie mit bescheidener Herkunft kaum Hoffnung auf sozialen Aufstieg gibt. Doch schon als junge Frau krempelt sie die Ärmel hoch. Sie hat gerade das Waisenhaus verlassen, in das sie von ihrem Vater, einem Witwer mit fünf Kindern, abgeschoben worden war. Im Kloster von Aubazine hat sie, umgeben von den schwarz-weißen Soutanen der Nonnen, nicht nur die Faszination des Schlichten zu schätzen gelernt, sie erwirbt auch einiges Geschick im Nähen, was ihr eine erste, bescheidene Anstellung in einem Miederwarengeschäft einbringt.

Coco Chanel auf einem Foto von 1936 mit ihrer unverzichtbaren sechsreihigen Perlenkette. Coco erachtet sie als Glücksbringer und trägt sie tagsüber wie abends, um ihre meist dunkle Kleidung aufzuhellen.

Damals hört sie noch auf ihren Vornamen Gabrielle. Nach der Arbeit tritt sie in einem Musikcafé auf und singt dort immer wieder das Lied *Qui qu'a vu Coco?* Ihm verdankt sie ihren Spitznamen, mit dem sie in die Geschichte eingehen sollte. Obwohl nicht sonderlich begabt, wird sie dank ihres außergewöhnlichen Esprits zum Star jener schillernden Halbwelt, in der sich die Mädchen von jungen Armeeoffizieren umwerben lassen. Cocos eifrigster Verehrer ist der schneidige Étienne Balsan, der sie einlädt, mit ihm auf seinem Landgut zu leben. Ohne zu zögern ergreift Coco die Chance, der Armut zu entfliehen und sich eine bessere Zukunft aufzubauen. Ausgerechnet auf Balsans Anwesen lernt sie den großbürgerlichen Industriellen aus Newcastle Arthur „Boy" Capel kennen. Ihre große Liebe endet zwar tragisch, eröffnet ihr aber auch die Möglichkeit zur Gründung der Marke Chanel. Mit Boys Unterstützung eröffnet Coco ihr erstes Hutatelier in der Rue Cambon in Paris. Diese Adresse sollte legendär werden und ist noch heute der Hauptsitz der Maison Chanel. Hier beginnt Mademoiselle mit schlichten Strohhüten ihren unaufhaltsamen Aufstieg. Bereits sie verraten jenen einzigartigen Stil aus

„Ein Mann kann tragen, was er will. Er wird immer ein Accessoire der Frau bleiben."

Eleganz und Geradlinigkeit, der jedes ihrer Kleidungsstücke kennzeichnen wird. 1913 eröffnet sie eine zweite Boutique im mondänen Badeort Deauville, später noch eine dritte im ebenso extravaganten Biarritz. In den 1920er-Jahren setzt sich ihr Kleidungsstil durch und verdrängt endgültig die traditionelle, aus dem 19. Jahrhundert stammende Vorstellung von Weiblichkeit. „Ein Mann kann tragen, was er will. Er wird immer ein Accessoire der Frau bleiben", verkündet Coco und krempelt die Damengarderobe um. Sie kürzt die Röcke bis unters Knie, senkt die Taille und erfindet das kleine Schwarze, den Inbegriff der Pariser Eleganz. Das schlichte Kleid verzichtet auf ein einengendes Korsett und wird von der Vogue mit dem Ford T verglichen, „etwas, auf das die Welt nicht mehr verzichten kann". Sie durchstöbert die Kleiderschränke ihrer Liebhaber, kleidet sich in Hosen und verwandelt Tweed, den wohl männlichsten aller Stoffe, in weiche Damenjacken. Mittlerweile reich und berühmt, verstärkt sie ihren androgynen Charme mit einem Kurzhaarschnitt, der ebenso populär wird wie ihre Kleider. Sie ist der Star der vornehmsten Salons und so sind Klatsch und Tratsch über ihre Beziehungen zu Männern und Frauen, Künstlern und Aristokraten die natürliche Folge.

Sie ist befreundet mit Strawinsky und Picasso und nimmt auch Cocteau für sich ein. Er sagt über sie: „Seltsamerweise arbeitet sie in der Mode nach denselben Regeln, von denen man glaubte, dass sie nur für Maler, Musiker und Dichter gelten." Coco ist auf dem Höhepunkt ihres Ruhms, als Gerüchte über ihre angebliche Nähe zum Nationalsozialismus aufkommen. Bei Ausbruch des Zweiten Weltkriegs zieht sie sich aus der Öffentlichkeit zurück, aber es wird kein Abschied für immer. Im Alter von 70 Jahren kehrt Coco Chanel 1955 in die Modewelt zurück und fordert den neuen Look der Tellerröcke von Christian Dior heraus. Ihre schlichten Kostüme ziehen sofort in die Garderoben der Damen ein. Ihr Name mit den beiden ineinander verschlungenen Cs, dem ersten Logo der Modegeschichte, wird für immer untrennbar mit einigen ihrer Kreationen verbunden sein: mit der Tasche 2.55 aus gestepptem Leder; den zweifarbigen Pumps, halb beige zur Verlängerung des Beins und halb schwarz, um den Fuß optisch zu verkleinern und Schmutz zu verbergen; und nicht zuletzt mit der Kamelie, dieser perfekt geometrischen chinesischen Blume, die die Coromandel-Paravents schmückt, mit denen sie sich in ihrer Suite im Hotel Ritz umgibt. Dort verbringt sie fast ihr ganzes Leben. Nach einem märchenhaften Dasein stirbt sie am 10. Januar 1971. Es ist Sonntag, der Tag, den sie am meisten verabscheute, weil sie als Frau, deren Lebensinhalt die Arbeit war, zu nutzlosem Müßiggang gezwungen war.

DUFT DER FRAU.
DIE GEBURT EINES MYTHOS

Eine Liebesgeschichte, ein russischer Prinz und der Parfümeur des Zaren. Inmitten der Blumenfelder der Provence entsteht die Idee, ein Parfüm für das Modehaus Chanel zu produzieren. Wir schreiben das Jahr 1921 und die Welt wird nie wieder dieselbe sein.

In den frühen 1920er-Jahren steht die Welt vor einer neuen Revolution. Albert Einstein erhält den Nobelpreis für die Neuformulierung der physikalischen Gesetze, Diphtherie-Impfungen verhindern die tödliche Erkrankung, Lindbergh fliegt in weniger als 33 Stunden von New York über den Atlantik nach Paris. Drahtlose Radios, Tonfilme, röhrende Automobile und leuchtende Schaufenster der Kaufhäuser verändern die Welt. Die Wirtschaft steuert mit rasantem Tempo auf neue Standards von Luxus und Wohlstand zu, die erstmals auch einen Teil der Mittelschicht erreichen. Coco Chanel erkennt die Kraft der Veränderungen, springt mit perfektem Timing auf diesen Zug auf und bringt ein Parfüm mit ihrem Namen auf den Markt. Der Hintergrund dieser Schöpfung ist eines der faszinierendsten Kapitel in der Geschichte der Parfümerie, und das von Chanel erarbeitete Produkt ist so revolutionär, dass alles zuvor Dagewesene verblasst. Die schicksalhafte Begegnung mit einer der Hauptfiguren der Geschichte dieses Parfüms findet im glaumourösen Venedig der 1920er-Jahre statt, wo man auf exzentrischen Maskenbällen des dekadenten Adels auf faszinierende Fremde wie den russischen Großfürsten Dmitri Pawlowitsch trifft. Er ist ein Cousin des Zaren Nikolaus II. und war wegen Anstiftung zum Mord an Rasputin ins Exil verbannt worden, wodurch er der russischen Revolution nur knapp entkam. Coco ist fasziniert von diesem hellhäutigen, romantischen Helden und verliebt sich Hals über Kopf in den elf Jahre jüngeren Mann. Die Beziehung dauert nur knapp ein Jahr bis zu jenem Schicksalsjahr 1921, das Chanels Zukunft entscheidend verändern wird. Zu Beginn ihrer Romanze verbringen die beiden einen Liebesurlaub in Grasse, wo Dmitri sie mit Ernest Beaux, dem einstigen Parfümeur des Zaren, bekannt macht. Dieser hatte nach seiner Flucht aus St. Petersburg in der Welthauptstadt des Parfüms Zuflucht gesucht.

Das Liebespaar Coco und Großherzog Dmitri Pawlowitsch, ein Cousin von Zar Nikolaus II., im Jahr 1920.

Dort, inmitten der Blumenfelder der Provence entsteht die Idee zu einem eigenen Parfüm. Coco hat klare Vorstellungen: Sie will etwas Außergewöhnliches. Beaux ist unbeeindruckt. Er weiß mit den Wünschen anspruchsvoller Kunden wie Mademoiselle umzugehen, schließlich hat er jahrelang erfolgreich für die russische Zarin gearbeitet. Bis zum Herbst 1920 entwickelt er mehrere Kompositionen und legt Coco dann zwei Probesätze zur Auswahl vor, damit sie sich für den Duft entscheiden kann, der ihr am besten gefällt.

Die Flakons sind von 1 bis 5 und von 20 bis 24 durchnummeriert und enthalten etwa achtzig Inhaltsstoffe in verschiedenen Kombinationen. Sie ähneln einander, entfalten jedoch unterschiedliche Nuancen. Es sind wahre Duftsinfonien in verschiedenen Variationen, die viel Erfolg versprechen. Coco entscheidet sich schnell und setzt alles auf die Nummer 5. Nun fehlt nur noch ein Name für den neuen Duft. Da ihr Modehaus bereits sehr bekannt ist, beschließt Coco, diese Popularität zu nutzen und tauft es einfach nur Chanel. Weitsichtig wie immer, hält sie es für angebracht, diese erste Essenz genauer zu benennen, um sie von weiteren Parfüms zu unterscheiden, sollte sie sich dazu entschließen. Sie hat sich für das Muster Nummer 5 entschieden, warum also nicht Chanel N° 5?

Schließlich war die 5 schon immer ihre Glückszahl. Coco glaubt an die Magie und Schönheit der Zahlen, und die 5 ist das Symbol der Quintessenz, die Essenz der Dinge und Wesen. Wahrscheinlich erinnert sie sich auch an die Symbole der Numerologie, die in die Steinböden der alten Abtei von Aubazine eingemeißelt

waren, wo sie ihre Kindheit unter den Nonnen des Waisenhauses verbracht hatte.
Die erwachsene Coco bringt die Zahl 5 überall ein, sogar an den unvorhersehbarsten Plätzen in ihrer Wohnung in der Rue Cambon. Selbst an ihrem Kronleuchter im Wohnzimmer sind die Bergkristalltropfen in Fünfergruppen zusammengefasst. Wie bedeutend die 5 für Coco ist, zeigt sich auch daran, dass ihre Modenschauen immer am 5. Februar und am 5. August stattfinden. Ernest Beaux erinnert sich an ihre Worte, als sie sich für den Namen des neuen Duftes entscheidet: „Ich werde mein Parfüm am 5. Mai, dem fünften Tag des fünften Monats, der Öffentlichkeit vorstellen. Die 5 soll ihm Glück bringen."

Als es soweit ist, folgt sie einer klugen Eingebung und beschließt, den Flakon nicht gleich ins Schaufenster zu stellen. Stattdessen lädt sie einen einflussreichen Kreis ausgewählter Freunde in ein Restaurant in Cannes ein und versprüht das Parfüm im Raum. „Alle Frauen, die an unserem Tisch vorbeigingen, blieben stehen, um den unbekannten Duft zu genießen, während wir so taten, als wäre nichts", erinnert sich Coco.

Ernest Beaux, der Parfümeur des Zaren, kreiert für Chanel das revolutionäre Bouquet von N°5.

Unmittelbar danach verschenkt sie es an ihre einflussreichen Freundinnen und vertraut dabei auf deren Mundpropaganda, die sich als sehr effektiver Werbekanal erweist. Als die Damen schließlich in ihrem Geschäft auftauchen, um das Parfüm zu kaufen, gibt Coco vor, gar nicht geplant zu haben, das Parfüm in den Verkauf zu bringen und es sich nur um ein kleines Präsent gehandelt habe. So folgt sie geschickt dem Gesetz von Angebot und Nachfrage, von Wunsch und Verfügbarkeit. Kaum steht das Parfüm endlich im Schaufenster, wird es sofort zum Objekt der Begierde unter Europas eleganter Elite. Zunächst erscheint der Duft nur vereinzelt in den Regalen der Chanel-Boutiquen. Dort wird er im Überfluss versprüht, hüllt die Kleider in eine Duftwolke ein und ist immer innerhalb weniger Tage ausverkauft. Die ersten Flakons werden von der kleinen provenzalischen Firma Rallet, in der Ernest Beaux arbeitet, produziert. Aber Coco ist nicht zufrieden, viele Flaschen sind defekt und Rallet ist nicht in der Lage, die immer zahlreicher werdenden Bestellungen fristgerecht zu liefern. Also wendet sie sich an die Brüder Pierre und Paul Wertheimer, Besitzer des großen Kosmetikunternehmens Bourjois. 1924 gründet sie mit ihnen die Société des

Parfums Chanel, wird also Partnerin bei den Wertheimers. Ernest Beaux übernimmt die technische Leitung. Sie ist zwar eine gewiefte Kauffrau, doch Konten und Bilanzen langweilen sie. Die Vereinbarung sieht daher vor, dass Coco sich nicht um die administrative Leitung des Parfüms zu kümmern braucht und sich auf eine jährliche Beteiligung von 10 % an den Gewinnen von Parfums Chanel beschränkt. So sichert sie sich ein lebenslanges Einkommen. Nach einem erbitterten Rechtsstreit wird der Vertrag 1946 neu verhandelt. Nun erhält sie keinen prozentualen Anteil mehr am Gewinn, sondern 2 % des weltweiten Gesamtumsatzes des Parfüms, wodurch sich ihr Einkommen beträchtlich erhöht. Ihre einstige Armut ist endgültig Vergangenheit. Coco Chanel wird zu einer der reichsten Frauen der Welt. Angefangen hat es mit einem Tropfen Parfüm, doch bald investiert das Modehaus immer mehr in Kosmetik, was zu einer enormen Umsatzsteigerung führt. Dabei war Reichtum nie Cocos vorderstes Ziel. Für sie ist Chanel N° 5 die Verkörperung eines Stils, eine Essenz, die auf olfaktorischer Ebene ihren Sinn für Ästhetik widerspiegelt. Sehr rein, ein wenig überdreht und kühn, genau wie sie.

SEXY UND ELEGANT. DAS GEHEIMNIS VON N° 5

Der Duft von Chanel? Ein revolutionäres Bouquet und ein durchsichtiger Flakon, so symbolträchtig wie ein Kunstwerk. Geliebt von Künstlern und den Diven Hollywoods, die ihn zur Legende machten und einen überwältigenden kommerziellen Erfolg in ein kulturelles und soziales Wahrzeichen verwandelten.

„Ein Frauenparfüm, das nach Frau riecht." Genau darum geht es Coco Chanel, als sie ihr erstes Parfüm kreiert. „Ich will keinen Rosen- oder Maiglöckchenduft", sagt sie zu Ernest Beaux bei der Feinabstimmung des Duftes. „Ich will ein kunstvolles Parfüm."

Ein Duft, der nicht an einen bekannten Geruch erinnert, sondern eher an Sauberkeit und Seife an den Händen. Vielleicht denkt Gabrielle dabei an den Geruch ihrer Mutter, die als Wäscherin gearbeitet hatte. Der Duft soll aber auch aufreizend und sinnlich sein. Chanel sucht die Essenz der Weiblichkeit, nicht den Duft von Blumen. Natürlich darf es auch nicht gewöhnlich oder billig riechen, denn die Rechtschaffenheit einer Frau ist zu jener Zeit auch durch ihren Duft definiert. Bestimmte Aromen, wie Jasmin und Moschus, Patchouli und Tuberose, verliehen den Damen eine Sinnlichkeit, die nur Schauspielerinnen oder Kurtisanen ungeniert zu tragen gewagt hätten. Anständige Mädchen parfümierten sich mit zarten Rosen- oder Veilchenessenzen, die an die Unschuld einer noch nicht geöffneten Knospe denken ließen. Als Coco in ihren Jugendjahren in der Halbwelt der Musikcafés verkehrt, beginnt sie zu verstehen, wie entscheidend die Wahl des Duftes ist, um die eigene Sinnlichkeit zu zeigen oder zu verstecken. Später distanziert sie sich von dieser ihr unangenehmen Vergangenheit, bewahrt sich aber die angenehmen Erinnerungen an Partyabende

„Es gibt nichts Geheimnisvolleres, nichts Menschlicheres als den Geruchssinn. Dank der Gerüche wissen wir, dass unser Körper zu dem eines anderen passt."

voller Scherze und Lachen sowie die Idylle ihrer ersten großen Liebe, Boy Capel. So stellt sie sich ein Parfüm vor, das die Grenzen zwischen Essenzen für respektable Mädchen und solchen, die für Verführerinnen reserviert sind, endgültig verwischen soll. Wie üblich gelingt es ihr, die Welt mit etwas völlig Neuem zu überraschen: Chanel N° 5 zeigt allen, dass eine Frau verführerisch und anständig zugleich sein kann.

Entscheidend für die Wirkung des Parfüms ist die Entdeckung der Aldehyde, chemischer Verbindungen, die den Düften eine abstrakte, luftige und moderne Ausstrahlung verleihen. Es ist genau das, was Chanel braucht, um die lange Geschichte der Blumendüfte zu revolutionieren. Die von Beaux entwickelte Rezeptur vermischt die Grundlage aus Rose und Jasmin mit 80 weiteren Zutaten, darunter Aromen von Moschus, Ylang-Ylang und Sandelholz.

Die Aldehyde fügen einen Hauch von Frische hinzu und geben denjenigen, die an Chanel N° 5 riechen, das elektrisierende Gefühl von Tausenden von Champagnerblasen, die ihre Sinne durchziehen.

Der Duft nach sauberen Laken und warmen Körpern, rein und wollüstig zugleich. Als Beaux Chanel warnt, dass ein Parfüm mit all diesen Essenzen exorbitante Kosten verursachen würde, antwortet sie, dass sie genau das wolle: das extravaganteste Parfüm der Welt.

Auch die Präsentation ist revolutionär und setzt einen Kontrapunkt zu den damals üblichen, fantasievoll mit Ornamenten überladenen Ampullen von Lalique oder Baccarat. Chanels beispielloser Duft aus natürlichen und synthetischen Noten ist außerordentlich komplex, wird aber in einem schlichten Flakon präsentiert, der einer simplen Apothekerflasche ähnelt: ein einfacher durchsichtiger Quader mit kantigen Linien und einem schlichten schwarz-weißen Etikett, das an modernistische Skulpturen erinnert. Die in Schlichtheit und Strenge verliebte Coco offenbart in dieser Wahl all das, was sie eifrig von Picasso und anderen Künstlerfreunden aufgesogen hat, und so wirkt der Flakon fast schon wie ein modernes, abstraktes Kunstwerk. Ebenso schlicht ist auch das Etikett, ein weißes Rechteck mit einer strengen, schwarzen, serifenlosen Aufschrift, wie sie von der künstlerischen Avantgarde verwendet wird: „N° 5 Chanel Paris".

Der erste Flakon von Chanel N° 5 im Jahr 1921 ist von revolutionärer Schlichtheit. Eine fast gewöhnliche Apothekerflasche mit einem winzigen schwarz-weißen Etikett.

N°5
CHANEL
PARIS

1945: Soldatinnen testen das Parfüm in den Geschäftsräumen von Chanel in der Rue Cambon.

Das unverwechselbare Markenzeichen mit den beiden ineinander verschlungenen Cs befindet sich am Fuß des Verschlusses. Ebenso überraschend für die damalige Zeit ist der weiße Pappkarton, der den Flakon enthält. Er ist von einer fast schon dadaistischen Einfachheit und erinnert an die Grafiken „Papillons Dada", Flugblätter mit kurzen, auf cremefarbenem Papier gedruckten Texten von Künstlern wie Tristan Tzara oder Francis Picabia, der, welch ein Zufall, ausgerechnet die Ziffer 5 in einem auf 1922 datierten Werk mit dem Titel „Ticket" aufgreift.

Nach dem großen Erfolg in Paris wird Chanel N° 5 ab Mitte der 1920er-Jahre auch außerhalb Frankreichs vermarktet. Die Damen reißen sich um den neuen Duft, der bald in ganz Europa zum Objekt der Begierde wird. Aber der größte Erfolg stellt sich ein, als N° 5 die Vereinigten Staaten erobert.

Dort lesen die Frauen Modezeitschriften wie die Vogue und eifern dem nach, was gerade in Paris angesagt ist. Allerdings sind es nicht die Zeitschriften, die in Übersee die Begeisterung für das französische Parfüm entfachen, sondern amerikanische Soldaten. Als sie im Jahr 1944 anlässlich der Befreiung zu Tausenden in Paris eintreffen, stehen sie vor dem Chanel-Geschäft Schlange, um ihren Freundinnen in der Heimat das perfekte Souvenir mitzubringen. Das gesamte Erdgeschoss des Geschäfts in der Rue Cambon ist der Präsentation der glitzernden Flakons gewidmet. Spiegel sorgen dafür, dass sie endlos wiedergegeben werden. Die Soldaten sprechen kein Wort Französisch, aber fünf ausgestreckte Finger genügen und schon halten sie den Flakon in ihrer Hand: das Symbol für Sieg und Eleganz. Dieses Parfüm ist Paris. Und Paris ist sexy und elegant. Der Duft zirkuliert auch unermüdlich auf dem Schwarzmarkt und wird in ganz Europa in Gold, Whisky und Zigaretten aufgewogen und gehandelt. Kurz darauf beginnt der steuerfreie Verkauf von Chanel N° 5 in den Post Exchanges, den militärischen Verkaufsstellen der US Army. Das Parfüm, die Quintessenz des französischen Luxus, wird zu diesem reduzierten Preis plötzlich auch für die Mittelschicht zugänglich und zieht mit seinem unverwechselbaren Duft schließlich in jeden Winkel der Welt.

Ein Model posiert eingerahmt vom Parfümflakon in einer Fotomontage von Weegee aus den 1950er-Jahren.

N°5
CHANEL

Der absolute Durchbruch jedoch steht erst noch bevor. Ein völlig unerwartetes Ereignis katapultiert das Parfüm einige Jahre später zu einer ultimativen Berühmtheit: die großartige und kostenlose Werbung von Marilyn Monroe. 1952 antwortet die Schauspielerin einem Journalisten des Magazins Life, der sie indiskret fragt, was sie nachts im Bett trage: „Nur zwei Tropfen Chanel N° 5."

Marilyn Monroe mit einem Flakon von Chanel N° 5 auf dem berühmten Foto von Ed Feingersh im Jahr 1955.

*„Was ich im Bett trage?
Nur zwei Tropfen Chanel N°5."*

(Marilyn Monroe)

Die Verkaufszahlen steigen sprunghaft an und machen das damals schon berühmteste Parfüm der Welt zur Legende. Die nun unauflösliche Verbindung zwischen dem amerikanischen Star und dem französischen Parfüm wird am 24. März 1955 durch ein Fotoshooting erneut befeuert. Marilyn, schöner denn je, posiert in ihrem Hotelzimmer mit dem legendären Flakon, kurz bevor sie im Morosco Theatre am Broadway als Hauptdarstellerin von Tennessee Williams' *Katze auf dem heißen Blechdach* die Bühne betritt. In einer Serie von Aufnahmen für das Magazin Modern Screen wird sie diese Flasche wieder an ihrer Seite haben. Die Fotos zeigen sie skandalös nackt in ihrem Bett, werden aber nie veröffentlicht.

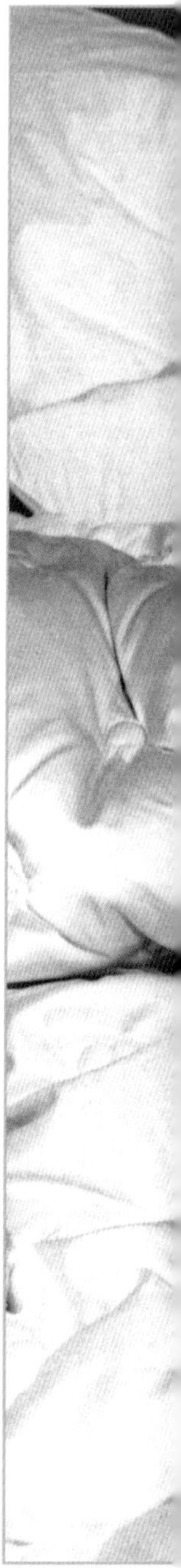

Marilyn Monroe auf einem für die Zeitschrift Modern Screen aufgenommenen Foto.

CHANEL

Gleichzeitg mit dem kommerziellen Erfolg erlangt Chanel N° 5 auch den Status eines kulturellen und gesellschaftlichen Symbols. Coco hat den Flakon als moderne Skulptur konzipiert und so verwundert es nicht, dass das ungewöhnlich schlichte und eckige Fläschchen die Fantasie der Künstler anregt. Der Erste, der es in seinen Zeichnungen thematisiert, ist der französische Illustrator Sem, der Coco bereits mehrere Karikaturen gewidmet hat. Bereits 1921 ahnt er den künftigen Erfolg des Parfüms und macht es zum Thema einer Zeichnung, die manchmal fälschlicherweise als Werbung angesehen wird: Ein junges Mädchen, gekleidet und frisiert im perfekten Chanel-Stil blickt auf zu einem gigantischen N° 5-Flakon.

Chanel N° 5 in einer Illustration von Sem aus dem Jahr 1921.

N°5
CHANEL
PARIS
SEM

SEM
Je le déclare sans vergogne
Il n'y a rien de moins coco
Qu'une toilette de Coco
Parfumée à l'eau de Coco...
De coco... de cocologne
Marquise de la Flaconnerie

1923 veröffentlicht Sem eine weitere Illustration. Sie zeigt die Designerin in ihrem Atelier, eingerahmt von den Umrissen ihres unverwechselbaren Parfüm-Flakons. Zwei Jahrzehnte später ehrt Salvador Dalí die Kreation seiner Freundin Coco in seinem Werk *The Essence of Dalí*: Er bemalt den unverwechselbaren Flakon von Chanel N° 5 mit seinem Antlitz und dem Schnurrbart, ebenso ironisch und respektlos wie seine berühmte Übermalung von Leonardo da Vincis Mona Lisa. Unter den berühmtesten Kunstwerken, die das Parfüm thematisieren, stechen die Siebdrucke von Andy Warhol hervor. Er überarbeitet im Stil der Pop-Art die zwischen 1954 und 1956 erschienenen Werbeanzeigen in einer Serie mit dem Titel *Ads: Chanel*. Der Flakon, inzwischen zur Stilikone avanciert und ein Stück Designgeschichte, findet 1959 sogar Eingang ins MoMA, dem Museum of Modern Art in New York.

Links: eine satirische Zeichnung von Sem aus dem Jahr 1923 mit der Karikatur von Coco in ihrem Atelier, eingerahmt von ihrem Flakon.

Rechts: The Essence of Dalí, eine Hommage von Salvador Dalí an das Parfüm von Coco Chanel.

N°5
CHANEL
THE MOST TREASURED NAME IN PERFUME
CHANEL

Ads: Chanel, Andy Warhols Siebdruckserie aus dem Jahr 1985. Sie greift die Werbung für das Parfüm aus den 1950er-Jahren mit den Mitteln der Pop-Art wieder auf.

ALLE WOLLEN ES!
DER SUPERSTAR VON CHANEL

Catherine Deneuve for Chanel

Ein halbes Jahrhundert Werbung mit Gesichtern, die das Wesen von Mademoiselles Parfüm interpretiert haben. Von Catherine Deneuve bis Brad Pitt, den ersten männlichen Werbeträger für den weiblichen Duft par excellence.

N°5
CHANEL
PARIS

Bei Chanel N° 5 denkt man unweigerlich an die aufsehenerregenden Werbekampagnen, die seinen Mythos im Laufe der Zeit befeuert haben. Aber das war nicht immer so. Blättert man durch die Modemagazine der damaligen Zeit, erkennt man eine viel bewegtere Geschichte. In den ersten Jahrzehnten ist die Werbung schlecht oder mittelmäßig. Noch ineffektiver wird sie durch die Konkurrenz aus dem eigenen Haus. Die Maison Chanel bewirbt die N° 5 zusammen mit Dutzenden von anderen Chanel-Düften, die alle gleich verpackt sind. Kurzum: Auf N° 5 folgen viele weitere Düfte. N° 22 im Jahr 1922 und in den darauffolgenden Jahren Chanel N° 2, N° 7, N° 11, N° 14, N° 20, N° 21, N° 27 sowie Gardénia, Bois des Îles, Cuir de Russie, Sycomore, Une idée, Jasmin. Im Jahr 1955 ist Pour Monsieur an der Reihe und das letzte Parfüm, das unter Cocos Leitung eingeführt wird, heißt N° 19 im Jahr 1970. Doch nur N° 5 wird wirklich legendär. Was verbirgt sich hinter dem Geheimnis seines märchenhaften Erfolgs? Die erste Anzeige, die in Erinnerung bleibt, erscheint nicht in Frankreich, sondern in der New York Times. Es ist nur ein Kästchen in der Ecke einer Seite und trägt den Markennamen des Kaufhauses Bonwit Teller, in dem amerikanische Frauen die Neuheiten der Pariser Mode kaufen können.

Auf den vorherigen Seiten: Catherine Deneuve, fotografiert von Richard Avedon im Jahr 1972.

Der Flakon von Chanel N° 5 wird 1959 im MoMA in New York ausgestellt.

Coco Chanel posiert 1937 in ihrer Suite im Hotel Ritz für ihr Parfüm.

Coco Chanel erkennt das Potenzial der Werbung, spürt aber, dass eine neue Art der Kommunikation, eine viel direktere und wirkungsvollere, nötig ist. Sie soll das Bild der starken, modernen Frau widerspiegeln. Also lässt sie sich selbst von François Kollar für eine Anzeige fotografieren. Das Shooting findet in ihrer Suite im Hotel Ritz in Paris statt. Das Bild wird erstmals 1937 in Harper's Bazaar veröffentlicht. Mademoiselle posiert mit einem Arm lässig auf dem Kaminsims und trägt ein märchenhaftes, schwarzes Kleid, ganz im Stil des Hauses. Seitdem repräsentieren immer wieder attraktive Stars mit besonderer Ausstrahlung das

Das Model Suzy Parker, fotografiert von Richard Avedon in einer Werbung von 1957.

Kultparfüm von Chanel. Sie werden von berühmten Fotografen porträtiert, die ihre Faszination unterstreichen. Die Herausforderung besteht darin, den Spagat zwischen dem Image des Parfüms als Stilikone der Elite einerseits und dem Objekt der Begierde für die Massen andererseits auf einem Bild einzufangen. Der Slogan der Kampagne von 1957 bringt es auf den Punkt: Das Model Suzy Parker, Vorläuferin der modernen Supermodel-Generation, wird von Richard Avedon fotografiert und auf der Anzeige ist zu lesen: Every woman alive wants Chanel N° 5.

Lauren Hutton posiert 1967 vor der Kamera von Richard Avedon.

Gegenüber: Carole Bouquet, fotografiert von Patrick Demarchelier im Jahr 1993.

Zehn Jahre später posiert Lauren Hutton, die berühmte Schauspielerin in Robert Altmans Film *Eine Hochzeit* und *Ein Mann für gewisse Stunden* mit Richard Gere, vor Avedons Linse für ein denkwürdiges Foto, auf dem sie in einem rosafarbenen Anzug mit sensationell kurzen Hosen in der Luft schwebt. Dann ist es Catherine Deneuve, der französische Star aus *Belle de Jour*, die in einer Fotokampagne von Helmut Newton den Duft verkörpert. Chanel N° 5 ist auch das erste Parfüm, das im Fernsehen beworben wird. Auf dem Bildschirm wird die Schauspielerin Carole Bouquet zu Chanels beliebtestem Gesicht, zunächst in einem Werbespot von Ridley Scott und später in den 1990er-Jahren, als sie in dem von Bettina Rheims inszenierten Film *Sentiment Troublant* einen Monolog aus dem Film *Gilda* vorträgt. Es ist Patrick Demarchelier, der die Fotos mit der kühlen Schauspielerin macht, die später in unzähligen Zeitungen veröffentlicht werden.

PARFUM
N°5
CHANEL
PARIS

N°5
N°5
CHANEL
PARIS
PARFUM
NORDSTROM

In jenem Jahrzehnt soll auch das Image von Chanel aufgefrischt werden. Man engagiert den Regisseur Jean-Paul Goude, brillanter Schöpfer traumhafter Märchen wie dem Kurzfilm *Marilyn* von 1995. Zu den historischen Werbekampagnen der Marke gehört der Spot mit dem Titel *Le Loup*, bei dem der Regisseur Luc Besson Regie führt und der auf einem von Milo Manara illustrierten Storyboard basiert. Gedreht wird in Roms Cinecittà. Die Hauptrolle spielt das Model Estella Warren, die als Rotkäppchen einen Wolf dressiert. Ebenso prestigeträchtig erinnert der von Baz Luhrmann gedrehte Werbespot an seinen berühmtesten Film, *Moulin Rouge*, mit Nicole Kidman in der Hauptrolle. Am Set trägt der Star ein von Karl Lagerfeld entworfenes schwarzes Kleid mit tiefem Rückenausschnitt, in dem ein mit Diamanten besetztes Medaillon in der Form des N° 5-Logos den Blick auf sich zieht.
Zehn Jahre später wird Baz Luhrmann von Chanel erneut für einen weiteren berühmten Werbespot engagiert. Man entscheidet sich für Gisele Bündchen als Hauptdarstellerin, ein internationaler Star von natürlicher Schönheit und moderner Weiblichkeit. Sie verkörpert eine neue Generation von Frauen, für die Chanel seine Tradition bricht und eine zeitgenössische, frischere und lebendigere Version des Duftes herausbringt. Die Aufgabe, die von Coco Chanel und Beaux 1921 entwickelte Formel zu erneuern, wird dem Parfümeur Olivier Polge übertragen.

N°5
#THEONETHATIWANT

N°5
CHANEL
PARIS
PARFUM

N°5
N°5
CHANEL
PARIS
PARFUM

Polge spielt mit den Aromen und Nuancen des historischen Bouquets und das Ergebnis wirkt frischer. Die Aldehyde werden in ihren Zitrusnoten betont, die Basisnoten aufgehellt und die Ylang-Ylang-Aromen grüner.

Unter den jüngsten Werbekampagnen bleibt *Train de nuit* in Erinnerung, kreiert von Jean-Pierre Jeunet, dem Regisseur des Films *Die fabelhafte Welt der Amélie* mit Audrey Tautou in der Hauptrolle. 2012 überrascht das Haus die Öffentlichkeit, indem es den Schauspieler Brad Pitt als erstes männliches Werbegesicht für das Frauenparfüm schlechthin engagiert.

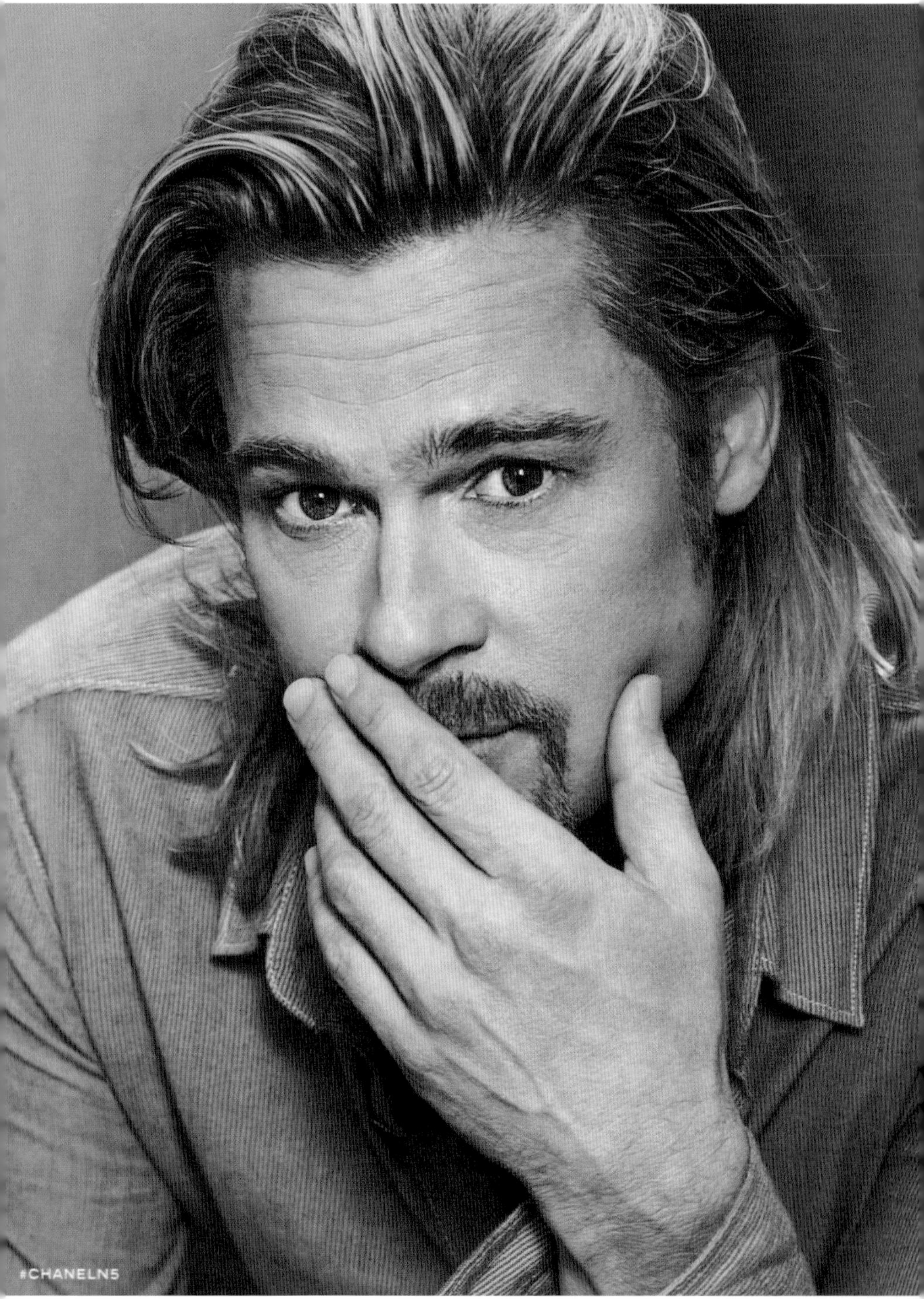
#CHANELN5

N°5
INEVITABLE
N°5
CHANEL
PARIS
PARFUM

N°5
L'EAU
CHANEL
CHANEL
CHANEL
AVAILABLE ON CHANEL.COM

N°5
L'EAU
CHANEL
PARIS

N°5
CHANEL
PARIS
PARFUM

LEGENDE ODER WAHRHEIT?

Chanel No 5 ist das meistverkaufte Parfüm aller Zeiten. Jeder kennt es, auch ohne es jemals benutzt zu haben. Doch das Parfüm birgt noch viele Geheimnisse. Einige von ihnen wollen wir hier noch lüften.

US-SOLDATEN STANDEN IN PARIS SCHLANGE. ALLERDINGS WURDE DAS PARFÜM WÄHREND DES ZWEITEN WELTKRIEGS IN NEW JERSEY PRODUZIERT.

Die Mehrheitspartner der Société des Parfums Chanel, die alle Parfüms des Hauses herstellte, waren jüdischer Herkunft. Wenige Wochen vor der deutschen Besetzung Frankreichs im Jahr 1940 verließen die Wertheimers Paris und ließen sich in den Vereinigten Staaten nieder. Um die Produktion von Chanel N° 5 fortzusetzen, gründeten sie eine Fabrik in Hoboken, New Jersey, und schmiedeten einen kühnen Plan, um an die benötigten seltenen Blumenessenzen zu gelangen. Sie schickten Gregory Thomas, einen Mann ihres Vertrauens, aus Amerika ins von den Deutschen besetzte Frankreich. Er sollte so viele Essenzen wie möglich kaufen. Seine Mission war erfolgreich und Thomas schmuggelte Rosen- und Jasminessenzen von den besten Plantagen in Grasse in die Vereinigten Staaten. Die Produktion von Chanel N° 5 lief also während des Krieges in New Jersey weiter und jeder einzelne Flakon genügte den hohen Qualitätsanforderungen des Hauses Chanel.

DIE FORM DES VERSCHLUSSES ERINNERT AN EINEN PLATZ IN PARIS.

Der wie ein Diamant geschliffene Verschluss entspricht den Umrissen der Place Vendôme. Der achteckige Platz wurde unter Ludwig XIV. erbaut, um der Statue des Königs einen würdigen Rahmen zu geben. Entworfen von Jules Hardouin-Mansart, wird er von historischen Gebäuden und der Fassade des Hotel Ritz gesäumt, wo Coco Chanel den größten Teil ihres Lebens verbrachte.

DAS PARFÜM IST VOM ARKTISCHEN EIS INSPIRIERT.

Als Ernest Beaux Coco Chanel die Probe mit der Nr. 5 präsentierte, erzählte er ihr, er sei vom Geruch des Winters, „der wunderbar frischen Brise, die von Seen und Flüssen in der Mitternachtssonne aufsteigt", inspiriert worden und dem Gefühl gefolgt, das er während einer Expedition in die Arktis erlebt hatte, wohin er während des Ersten Weltkriegs als Soldat geschickt worden war.

ES GIBT EINIGE SEHR SELTENE VERSIONEN MIT ROTEM ETIKETT.

Unter Sammlern sind sie ein Kultobjekt. Sie stammen aus einer kleinen Produktion für Chanel N° 1, N° 2, N° 5 und N° 31 aus dem Jahr 1941 und wurden bis zum Ende des Krieges ausschließlich im Geschäft in der Rue Cambon verkauft.

CHANELS PERSÖNLICHES PARFÜM WAR MADEMOISELLE CHANEL N° 31.

In den 1940er-Jahren wechselte Coco ihren persönlichen Duft. Nachdem sie jahrzehntelang N° 5 benutzt hatte, bevorzugte sie jetzt N° 31, eine Moschusmischung mit Jasmin- und Rosennoten, aus der mit einigen Modifikationen das heutige Chanel N° 19 wurde. Es wurde nach Cocos Geburtstag, dem 19. August, benannt und kam kurz vor ihrem Tod im Jahr 1970 auf den Markt.

FÜR JEDEN FLAKON CHANEL N° 5 BENÖTIGT MAN TAUSEND JASMINBLÜTEN UND UND EIN DUTZEND MAIROSEN.

Im südfranzösischen Pégomas, wenige Kilometer von Grasse entfernt, erstrecken sich die Mairosenfelder über 20 Hektar. Hier werden die Blumen exklusiv für Chanel und sein berühmtestes Parfüm kultiviert. Die Blüten werden während der Blütezeit, die etwa zwanzig Tage dauert, in den frühen Morgenstunden von Hand gepflückt und müssen innerhalb einer Stunde verarbeitet werden.

DIE FORM DER FLASCHE WURDE FÜNFMAL GEÄNDERT.

Anfänglich war der Flakon, in dem das Parfüm verkauft wurde, ein wenig anders als heute. Die Originalflasche von 1921 war etwas kantiger und hatte abgerundete Ecken. Die ersten verkauften Exemplare besaßen einen einfachen quadratischen Glasverschluss. Der geschliffene, achteckige Deckel entstand erst 1924, als das dünne und zerbrechliche Glas der ersten

Flaschen durch eine dickere und stärkere Version der Cristalleries de Saint Louis ersetzt wurde. Hier wurden für Chanel auch einige Luxusexemplare aus Kristall hergestellt. In den 1950er-Jahren wurde die Kappe breiter und in den 1970er-Jahren schließlich massiver gestaltet. 1986 wurde sie wieder kleiner, um die Proportionen harmonischer zu gestalten. Zur bisher letzten Änderung kam es 1995, als die Flasche wieder ihre ursprüngliche Größe erhielt und der Verschluss noch einmal verkleinert wurde.